# 小学3年生の計算

がんばるみんなのための
ちいかわドリル

JN040798

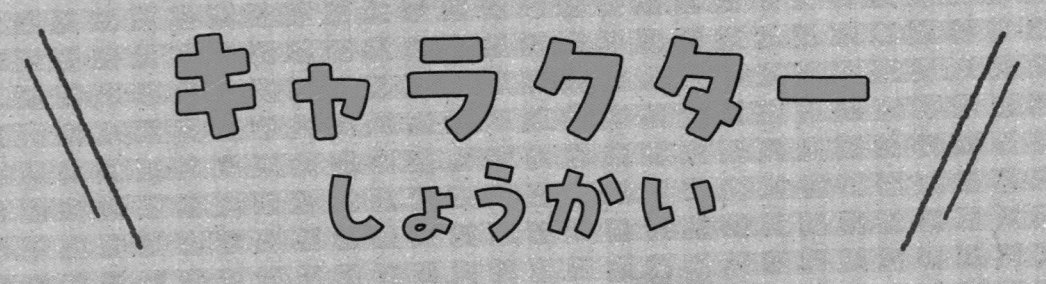

# キャラクター しょうかい

## ちいかわ 白

なんか小さくてかわいいやつ。
ちょっぴりなき虫。
草むしりや，とうばつをして
生活している。

## ハチワレ 白

明るくて元気。
ときどき毛玉をはく。
ギターをひきながら
歌うのがとく意。

## うさぎ 白

こわいもの知らず。
「ウラ」「ヤハ」と，声を出す。
プリンの上で
すべるのがとく意。

### モモンガ

まわりをこまらせることが多い。
わざとないて、かわいこぶる
ことがある。

### くりまんじゅう

お酒とおつまみがすき。
おいしいものを食べると
「ハーッ」と、息をはく。

### ラッコ

ちいかわたちのあこがれ。
とうばつランキングで
トップにかがやくランカー。

### よろいさん たち

もの作りがとく意なよろいさんや、
仕事をしょうかいする
よろいさんなどがいる。

### シーサー

ラーメン屋ではたらいている。
ラーメンのよろいさんを
「おししょう」とよぶ。

### パジャマ パーティーズ

パジャマを着ているグループ。
「ウウ・ワ・ワ ウワッ」と
歌っておどる。

## いろいろなこわいやつ

とつぜん出てきて、おそってくる。とうばつをして、やっつけたりする。

# このドリルについて

## ❶ 1回10分でできるからやりきれる！！

おもて
表とうらで10分で
取り組めるようにしてあります。
みじか
短い時間でできるから，
しゅうちゅうりょく
集中力がつづきます。
とちゅうのごほうびページで
モチベーションも
アップします。

▲ちいかわまめちしき つき！

## ❷ 自分で丸をつける！

もんだい
問題がとけたら，丸つけをしてください。
まちがえたところはアドバイスで
かくにんしましょう。

## ❸ かわいいシールでやる気が出る！

おわ
丸つけが終わったら，
びょうし
うら表紙の「たっせいするぞシート」にシールをはりましょう。
じゆう　つか
あまったシールは自由に使ってください。

# 1 かけ算のきまり

**1** 表を見て，□にあてはまる数を書きましょう。　1つ10点【20点】

かける数

| | 1 | 2 | 3 | 4 | 5 | 6 | 7 | 8 | 9 |
|---|---|---|---|---|---|---|---|---|---|
| 1 | 1 | 2 | 3 | 4 | 5 | 6 | 7 | 8 | 9 |
| 2 | 2 | 4 | 6 | 8 | 10 | 12 | 14 | 16 | 18 |
| 3 | 3 | 6 | 9 | 12 | 15 | 18 | 21 | 24 | 27 |
| 4 | 4 | 8 | 12 | 16 | 20 | 24 | 28 | 32 | 36 |
| 5 | 5 | 10 | 15 | 20 | 25 | 30 | 35 | 40 | 45 |
| 6 | 6 | 12 | 18 | 24 | 30 | 36 | 42 | 48 | 54 |
| 7 | 7 | 14 | 21 | 28 | 35 | 42 | 49 | 56 | 63 |
| 8 | 8 | 16 | 24 | 32 | 40 | 48 | 56 | 64 | 72 |
| 9 | 9 | 18 | 27 | 36 | 45 | 54 | 63 | 72 | 81 |

かけられる数

① $6 \times 3 = 6 \times 2 + $ □

② $5 \times 7 = 5 \times 8 - $ □

**2** ☐ にあてはまる数を書きましょう。 　　　　　　　1つ8点【16点】

① $4 \times 9 = 9 \times$ ☐

② $7 \times 3 =$ ☐ $\times 7$

**3** ☐ にあてはまる数を書きましょう。 　　　　　　　1つ8点【64点】

① $2 \times$ ☐ $= 8$　　　　　② ☐ $\times 5 = 30$

③ $7 \times$ ☐ $= 56$　　　　④ ☐ $\times 4 = 12$

⑤ ☐ $\times 9 = 45$　　　　⑥ $8 \times$ ☐ $= 16$

⑦ $3 \times$ ☐ $= 21$

⑧ ☐ $\times 6 = 54$

メロンパンがわく所がある。

答え→73ページ

# 2 10, 0のかけ算

とく点

点

## 1 次の計算をしましょう。

1つ5点【25点】

① $4 \times 10 =$ 40

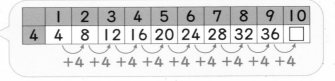

② $10 \times 3 =$

★ $10 + 10 + 10 = \square$

③ $7 \times 10 =$

④ $5 \times 10 =$

⑤ $10 \times 9 =$

## 2 次の計算をしましょう。

1つ5点【25点】

① $2 \times 0 =$ 0

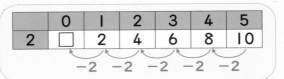

② $0 \times 6 =$

★0の6こ分と考える

③ $3 \times 0 =$

④ $8 \times 0 =$

⑤ $0 \times 5 =$

7

**3** 次の計算をしましょう。

① 10×6=

② 0×1=

③ 2×10=

④ 7×0=

⑤ 10×1=

⑥ 0×0=

**4** 1箱10まい入りのおせんべいが8箱あります。おせんべいは全部で何まいありますか。

式10点・答え10点【20点】

式

答え　　　　　　　まい

**ハチワレは毛の生えかわり時期に,たまにおかっぱ頭になる。**

8

答え→73ページ

# 3 わり算 ①

**1** プリンが8こあります。 4人で同じ数ずつ分けます。 1人分は何こになりますか。

式10点・答え10点【20点】

プリン8こ

(式)

$$\boxed{8} \div \boxed{4} = \boxed{\phantom{0}}$$

全部の数　　　人数　　　1人分

(答え)

$\boxed{\phantom{0}}$ こ

**2** たいやきが12こあります。 1人に2こずつ分けると, 何人に分けられますか。

式10点・答え10点【20点】

たいやき12こ

(式)

$$\boxed{\phantom{0}} \div \boxed{\phantom{0}} = \boxed{\phantom{0}}$$

全部の数　　1人分　　　人数

(答え)

$\boxed{\phantom{0}}$ 人

## ③ わり算をしましょう。

① $18 \div 6 =$

② $20 \div 5 =$

③ $56 \div 8 =$

④ $42 \div 7 =$

⑤ $36 \div 4 =$

⑥ $27 \div 3 =$

## ④ 古本が45さつあります。
9箱に同じ数ずつ分けて
入れました。
1箱に入っている古本は，
何さつですか。

式15点・答え15点【30点】

式

答え　　　　　　　　　さつ

ちいかわは，モモンガにかじられたことがある。

答え→73ページ

月　日　10分

とく点

点

**1** 次の計算をしましょう。　1つ5点【40点】

① $50 \div 5 =$ ⬜

★ $5 \times \square = 50$

② $0 \div 7 =$ ⬜

★ $7 \times \square = 0$

③ $60 \div 3 =$ ⬜

60は10が6こ
60÷3は10が(6÷3)こだから
60÷3＝?

④ $46 \div 2 =$ ⬜

46は40と6
40÷2は20
6÷2は3
だから
46÷2＝?

⑤ $60 \div 10 =$ ⬜

★10でわると位が1つ下がる

⑥ $730 \div 10 =$ ⬜

⑦ $900 \div 10 =$ ⬜

⑧ $4000 \div 10 =$ ⬜

**2** 次の計算をしましょう。

1つ5点【30点】

① $40 \div 10 =$

② $66 \div 2 =$

③ $84 \div 4 =$

④ $200 \div 10 =$

⑤ $560 \div 10 =$

⑥ $70 \div 7 =$

**3** 3まいで96円のパンがあります。
パン1まい分は何円ですか。

式15点・答え15点【30点】

式

答え　　　　　円

月　日　10分

とく点

点

**1** 17このメロンパンを，1ふくろに3こずつ入れていきます。何ふくろできて，何こあまりますか。

式15点・答え15点【30点】

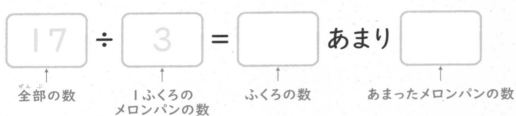

メロンパン 17こ

（式）

$$\boxed{17} \div \boxed{3} = \boxed{\phantom{0}}\ \text{あまり}\ \boxed{\phantom{0}}$$

全部の数　　1ふくろのメロンパンの数　　ふくろの数　　あまったメロンパンの数

（答え）　□　ふくろできて，　□　こあまる。

**2** 次の計算をしましょう。

1つ5点【15点】

① $9 \div 2 = \boxed{\phantom{0}}\ \text{あまり}\ \boxed{\phantom{0}}$

② $46 \div 7 = \boxed{\phantom{0}}\ \text{あまり}\ \boxed{\phantom{0}}$

③ $31 \div 4 = \boxed{\phantom{0}}\ \text{あまり}\ \boxed{\phantom{0}}$

**3** 次の計算をしましょう。

① $19 \div 5 =$

② $35 \div 6 =$

③ $20 \div 3 =$

④ $43 \div 9 =$

⑤ $68 \div 8 =$

**4** すこんぶが30まいあります。
1ふくろに7まいずつ入れると，
何ふくろできて何まいのこりますか。

式15点・答え15点【30点】

式

答え　　　ふくろできて，　　　まいのこる。

大きいとうばつはむずかしい。

答え→74ページ

# 6 わり算の練習

## 1 次の計算をしましょう。

1つ5点【30点】

① $10 ÷ 5 =$　　　　② $32 ÷ 8 =$

③ $21 ÷ 7 =$　　　　④ $36 ÷ 4 =$

⑤ $54 ÷ 9 =$　　　　⑥ $48 ÷ 6 =$

## 2 次の計算をしましょう。

1つ5点【15点】

① $11 ÷ 3 =$

② $62 ÷ 8 =$

③ $34 ÷ 5 =$

## 3 次の計算をしましょう。

① 24 ÷ 6 =

② 17 ÷ 2 =

③ 63 ÷ 9 =

④ 41 ÷ 7 =

⑤ 35 ÷ 4 =

## 4 草むしりけん定5級の問題が59問あります。1日に8問ずつとくと、とき終わるのに何日かかりますか。

式15点・答え15点【30点】

式

答え　　　　　　　　　　日

うさぎは、チョコチップのパンを牛にゅうにひたして食べる。

答え → 74ページ

# 計算パズルと暗号

10分

月　　　日

**1** 答えが0になる式のマスに，色をぬりましょう。

出てきたものと同じ形の絵に○をつけましょう。

| 10×10 | 4×0 | 7×10 | 0×1 | 1×10 |
|---|---|---|---|---|
| 2×10 | 0×8 | 9×10 | 6×0 | 3×10 |
| 10×4 | 10×0 | 0×0 | 0×2 | 10×6 |
| 10×8 | 10×3 | 5×0 | 5×10 | 10×2 |
| 6×10 | 9×10 | 0×3 | 4×10 | 1×10 |
| 10×1 | 8×10 | 7×0 | 2×10 | 7×10 |
| 3×10 | 10×5 | 9×0 | 6×10 | 10×9 |

**2** 2から8のカードを、わる数と答えの
ひらがなの上に1まいずつおいて、正
しい式と答えにしましょう。 カードを
おいたひらがなを、下の ◯ に書きま
しょう。 ★ 同じカードは1度しか使えません。

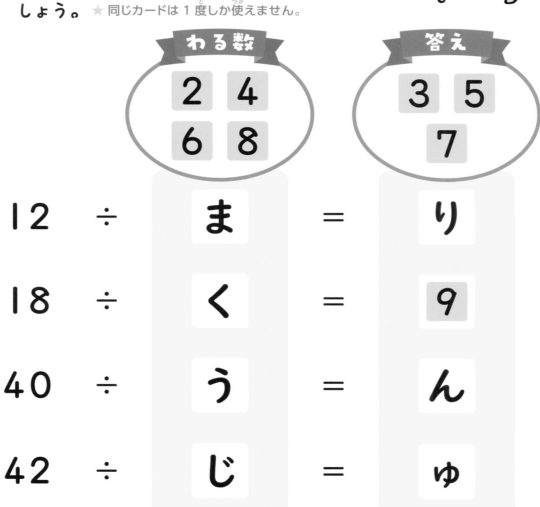

| | | **わる数** | | **答え** |
|---|---|---|---|---|
| | | 2  4  6  8 | | 3  5  7 |
| 12 | ÷ | ま | = | り |
| 18 | ÷ | く | = | 9 |
| 40 | ÷ | う | = | ん |
| 42 | ÷ | じ | = | ゆ |

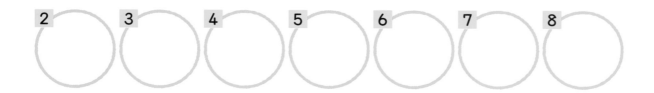

2 ◯　3 ◯　4 ◯　5 ◯　6 ◯　7 ◯　8 ◯

答え→74ページ

# 7 たし算の筆算①

**1** 358＋267の計算を筆算でします。□にあてはまる数を書きましょう。　【25点】

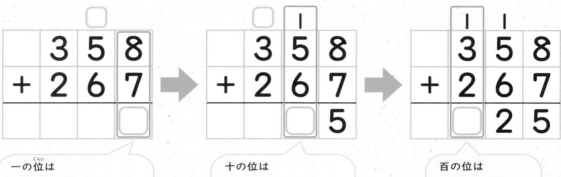

```
  □
  3 5 8
+ 2 6 7
      □
```
一の位は
8＋7＝15
十の位に1くり上げる。

```
  □ 1
  3 5 8
+ 2 6 7
  □   5
```
十の位は
くり上げた1とで
1＋5＋6＝12
百の位に1くり上げる。

```
1 1
3 5 8
+ 2 6 7
□ 2 5
```
百の位は
くり上げた1とで
1＋3＋2＝6

**2** 次の計算をしましょう。　1つ5点【25点】

①
```
  4 0 2
+ 1 3 7
```

②
```
  2 9 3
+ 3 6 5
```
└ くり上がり

③
```
  1 4 7
+ 5 2 3
```

④
```
  3 8 9
+ 4 5 2
```

⑤
```
  6 5 4
+ 2 9 8
```

**3** 次の計算をしましょう。 1つ5点【25点】

① 
$$
\begin{array}{r}
326 \\
+541 \\
\hline
\end{array}
$$

② 
$$
\begin{array}{r}
179 \\
+603 \\
\hline
\end{array}
$$

③ 
$$
\begin{array}{r}
285 \\
+264 \\
\hline
\end{array}
$$

④ 
$$
\begin{array}{r}
497 \\
+\phantom{0}86 \\
\hline
\end{array}
$$

⑤ 
$$
\begin{array}{r}
531 \\
+169 \\
\hline
\end{array}
$$

**4** 次の計算を筆算でしましょう。 1つ5点【25点】

① 152+317

② 628+245

③ 394+523

④ 79+851

⑤ 287+436

# 8 たし算の筆算 ②

**1** 次の計算をしましょう。

1つ6点【30点】

① 
```
   5 3 6
 + 7 4 2
```

② 
```
   2 8 5
 + 8 6 1
```

③ 
```
   4 9 7
 + 5 0 8
```

④ 
```
   9 5 4
 +   5 9
```

⑤ 
```
   6 7 8
 + 9 7 4
```

**2** 次の計算をしましょう。

1つ6点【24点】

① 
```
   2 5 1 3
 + 4 1 7 6
```

② 
```
   6 4 0 9
 + 1 8 5 3
```

③ 
```
   3 7 4 5
 + 5 2 9 8
```

④ 
```
   5 9 7 8
 + 2 6 4 2
```

**③** 次の計算を筆算でしましょう。　　　　　1つ6点【24点】

① 1485 + 6203

|   | 1 | 4 | 8 | 5 |
|---|---|---|---|---|
| + | 6 | 2 | 0 | 3 |
|   |   |   |   |   |

② 3729 + 2178

③ 5934 + 3275

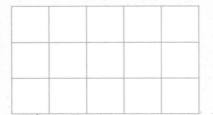

④ 2586 + 7414

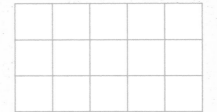

**④** 975円のパジャマと368円のポシェットを買うと, 代金は何円ですか。

式12点・答え10点【22点】

式

答え　　　　　　円

ちいかわ まめちしき

くりまんじゅうはラーメン屋でステーキを食べた。

22

答え→75ページ

# 9 たし算の筆算の練習

**1** 次の計算をしましょう。　　　　　　1つ6点【30点】

①
```
   4 9 2
+  3 6 7
```

②
```
     5 8
+  2 7 4
```

③
```
   9 3 5
+    6 5
```

④
```
   6 1 7
+  5 8 7
```

⑤
```
   7 4 6
+  8 9 8
```

**2** 次の計算をしましょう。　　　　　　1つ6点【24点】

①
```
   1 3 9 6
+  4 7 0 2
```

②
```
   5 7 2 8
+  3 9 5 4
```

③
```
   6 4 5 3
+  2 3 7 9
```

④
```
   4 1 8 5
+  7 8 6 5
```

**3** 次の計算を筆算でしましょう。

① 2183 + 4509

|   | 2 | 1 | 8 | 3 |
|---|---|---|---|---|
| + | 4 | 5 | 0 | 9 |
|   |   |   |   |   |

② 3962 + 475

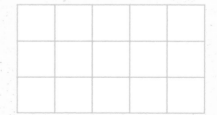

③ 837 + 5163

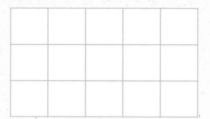

④ 6594 + 7028

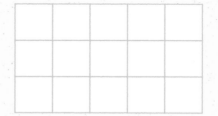

**4** ガチャを, ハチワレが347回,
ちいかわが85回しました。
合わせて何回しましたか。

式12点・答え10点【22点】

式

答え　　　　　　　　　回

ハチワレは目ひょうをたっせいするとシールをはる。

24

答え→75ページ

# 10 ひき算の筆算①

**1** 405−138の計算を筆算でします。□にあてはまる数を書きましょう。　【25点】

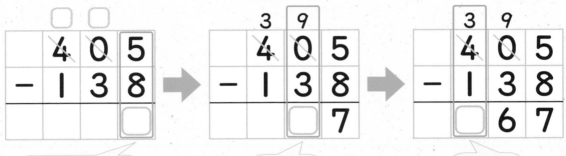

```
□ □
 4 0 5
-1 3 8
     □
```
百の位から
1くり下げて
十の位を10にする。
一の位は十の位から
1くり下げて15
15−8＝7

```
 3 9
 4 0 5
-1 3 8
   □ 7
```
十の位は
9−3＝6

```
 3 9
 4 0 5
-1 3 8
   □ 6 7
```
百の位は
3−1＝2

**2** 次の計算をしましょう。

1つ5点【25点】

① 
```
 5 6 9
-3 1 4
```

② 
```
 7 4 2
-2 0 5
```

③ 
```
 3 8 0
-1 9 7
```

④ 
```
 6 2 3
-5 8 9
```

⑤ 
```
 9 0 0
-4 5 2
```

**3** 次の計算をしましょう。　　　　　　　　　　　1つ5点【25点】

① 
```
  374
- 126
```

② 
```
  951
- 857
```

③ 
```
  436
-  77
```

④ 
```
  805
- 719
```

⑤ 
```
  1000
-  364
```

**4** 次の計算を筆算でしましょう。　　　　　　　1つ5点【25点】

① 582−273

② 714−398

③ 350−65

④ 600−487

⑤ 1000−279

# 11 ひき算の筆算 ②

## 1 次の計算をしましょう。

1つ6点【30点】

① 
```
  4 2 5
- 1 3 5
```

② 
```
  6 3 7
- 3 4 9
```

③ 
```
  8 4 1
- 7 5 8
```

④ 
```
  5 1 0
-   7 2
```

⑤ 
```
  9 0 2
- 5 8 6
```

## 2 次の計算をしましょう。

1つ6点【24点】

① 
```
  4 7 9 5
- 1 3 2 0
```

② 
```
  6 2 8 1
- 2 9 5 4
```

③ 
```
  9 4 3 6
- 8 7 3 9
```

④ 
```
  7 0 0 4
- 5 2 8 6
```

**3** 次の計算を筆算でしましょう。 1つ6点【24点】

① 5749 − 1523

|   | 5 | 7 | 4 | 9 |
|---|---|---|---|---|
| − | 1 | 5 | 2 | 3 |
|   |   |   |   |   |

② 3184 − 2495

|   |   |   |   |
|---|---|---|---|
|   |   |   |   |
|   |   |   |   |

③ 8026 − 3758

|   |   |   |   |
|---|---|---|---|
|   |   |   |   |
|   |   |   |   |

④ 7000 − 604

|   |   |   |   |
|---|---|---|---|
|   |   |   |   |
|   |   |   |   |

**4** 575円の時計を買うのに1000円さつを1まい出すと, おつりは何円ですか。 式12点・答え10点【22点】

式

答え　　　　　　　　円

さたぱんびんは, なんかくせになる味。

28

答え → 75ページ

# 12 ひき算の筆算の練習

月　日　⏰ 10分

とく点

点

**1** 次の計算をしましょう。

1つ6点【30点】

①
```
   5 1 3
 - 2 6 0
```

②
```
   8 4 2
 - 1 7 9
```

③
```
   7 5 9
 - 4 8 5
```

④
```
   4 0 6
 - 3 2 8
```

⑤
```
   1 0 0 0
 -   9 5 3
```

**2** 次の計算をしましょう。

1つ6点【24点】

①
```
   3 6 1 7
 - 1 5 8 2
```

②
```
   6 2 5 3
 - 2 4 5 9
```

③
```
   5 0 7 0
 - 4 7 9 1
```

④
```
   9 1 0 0
 -   6 3 5
```

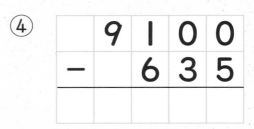

**3** 次の計算を筆算でしましょう。

① 4918－1062

| | 4 | 9 | 1 | 8 |
|---|---|---|---|---|
| － | 1 | 0 | 6 | 2 |
| | | | | |

② 7325－2859

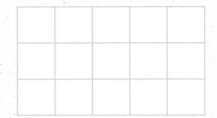

③ 8006－5398

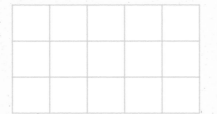

④ 6451－976

**4** 赤色の葉っぱが327まい，黄色の葉っぱが405まいあります。どちらが何まい多いですか。

式12点・答え10点【22点】

式

答え　　　　　　が　　　　　　まい多い。

**ちいかわとハチワレは，ラーメンを食べにいく練習をした。**

答え→75ページ

# 計算めいろと虫くい算

**1** 筆算をして，答えが大きいほうをえらんで，
スタートからゴールまで進みましょう。

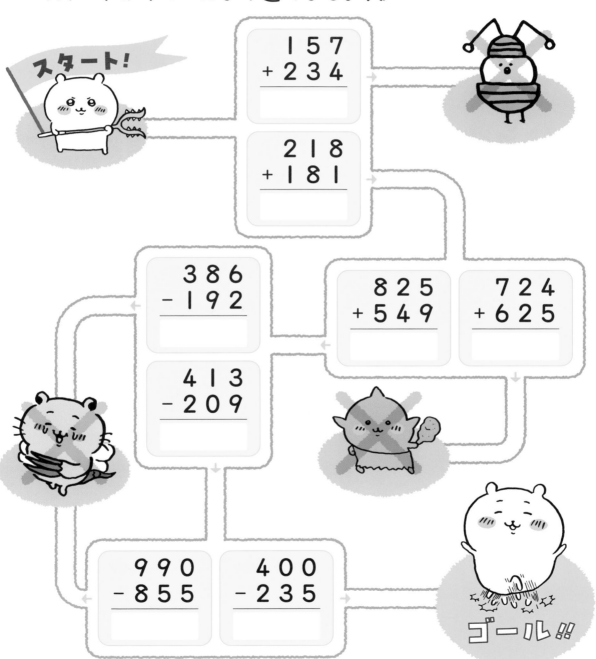

スタート！

$$\begin{array}{r} 157 \\ +234 \\ \hline \end{array}$$

$$\begin{array}{r} 218 \\ +181 \\ \hline \end{array}$$

$$\begin{array}{r} 386 \\ -192 \\ \hline \end{array}$$

$$\begin{array}{r} 825 \\ +549 \\ \hline \end{array}$$

$$\begin{array}{r} 724 \\ +625 \\ \hline \end{array}$$

$$\begin{array}{r} 413 \\ -209 \\ \hline \end{array}$$

$$\begin{array}{r} 990 \\ -855 \\ \hline \end{array}$$

$$\begin{array}{r} 400 \\ -235 \\ \hline \end{array}$$

ゴール‼

**2** ①から⑥の筆算の，でかくれている数字の下にある
ひらがなを，□ に書きましょう。

①
```
   2 5 7
 + 1 ● 4
 ─────────
   3 9 1
```

②
```
   ● 1 6
 + 6 9 5
 ─────────
 1 4 1 1
```

③
```
   3 8 6 6
 + 1 3 3 7
 ───────────
   5 2 ● 3
```

④
```
   3 2 8
 - ● 4 7
 ─────────
   1 8 1
```

⑤
```
   9 ● 0
 -   8 4
 ─────────
   8 4 6
```

⑥
```
   1 0 0 0
 -   ● 2 4
 ───────────
     4 7 6
```

| 1 | 2 | 3 | 4 | 5 |
|---|---|---|---|---|
| ↓ | ↓ | ↓ | ↓ | ↓ |
| か | い | な | ち | れ |

| 6 | 7 | 8 | 9 | 0 |
|---|---|---|---|---|
| ↓ | ↓ | ↓ | ↓ | ↓ |
| ら | ん | こ | わ | と |

| ① | ② | ③ | ④ | ⑤ | ⑥ |
|---|---|---|---|---|---|
|   |   |   |   |   |   |

答え→76ページ

# 13 何十, 何百のかけ算

月　日　(10分)

とく点

点

**1** 20×6の計算のしかたについて, □にあてはまる数を書きましょう。

1つ5点【15点】

20は, 10が □ こ

20×6は, 10が(2× □ )こ

20×6＝ □

**2** 700×2の計算のしかたについて, □にあてはまる数を書きましょう。

1つ5点【15点】

700は, 100が □ こ

700×2は, 100が(7× □ )こ

700×2＝ □

① $30 \times 2 =$ 　　　　② $90 \times 7 =$

③ $50 \times 6 =$ 　　　　④ $200 \times 4 =$

⑤ $800 \times 3 =$

⑥ $400 \times 5 =$

**4** 1こ40円のガムを7こ買うと，代金は何円ですか。　式14点・答え14点【28点】

買っちゃおっかな
この……

ぶ連なってる
お菓子……

ワー!!

式

答え　　　　　　　　　円

ちいかわ まめちしき

**モモンガはお米が大すき。**

34

答え→76ページ

# 14 2けた×1けたの筆算①

月　日　⑩分

とく点

点

**1** 27×3の計算を筆算でします。□にあてはまる数を書きましょう。　【20点】

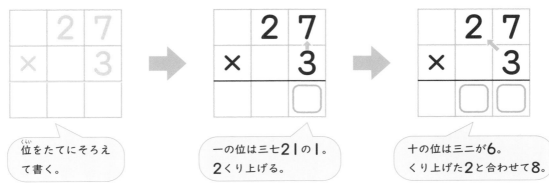

位をたてにそろえて書く。

一の位は三七21の1。2くり上げる。

十の位は三二が6。くり上げた2と合わせて8。

**2** 次の計算をしましょう。

1つ5点【30点】

①
```
  2 1
× 　4
```

②
```
  4 6
× 　2
```

③
```
  1 9
× 　4
```

④
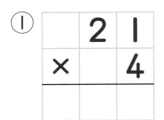
```
  2 5
× 　3
```

⑤
```
  1 3
× 　6
```

⑥
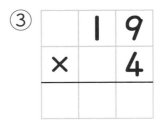
```
  1 8
× 　5
```

**3** 次の計算をしましょう。　　　　　　　　1つ5点【25点】

① 
$$
\begin{array}{r}
2\ 2 \\
\times\quad 3 \\
\hline
\end{array}
$$

② 
$$
\begin{array}{r}
1\ 4 \\
\times\quad 7 \\
\hline
\end{array}
$$

③ 
$$
\begin{array}{r}
2\ 7 \\
\times\quad 2 \\
\hline
\end{array}
$$

④ 
$$
\begin{array}{r}
1\ 2 \\
\times\quad 6 \\
\hline
\end{array}
$$

⑤ 
$$
\begin{array}{r}
1\ 5 \\
\times\quad 3 \\
\hline
\end{array}
$$

**4** 次の計算を筆算でしましょう。　　　　　1つ5点【25点】

① 31 × 3

② 16 × 4

③ 37 × 2

④ 28 × 3

⑤ 19 × 5

しいたけのじくだけ生える所がある。

答え → 76ページ

# 15 2けた×1けたの筆算②

月　日　**10**分

とく点

点

**1** 38×4の計算を筆算でします。□にあてはまる数を書きましょう。

【20点】

位をたてにそろえて書く。

一の位は四八32の2。3くり上げる。

十の位は四三12。くり上げた3と合わせて15。

**2** 次の計算をしましょう。

1つ5点【30点】

① 
```
   4 2
 ×   3
```

② 
```
   7 6
 ×   2
```

③ 
```
   5 1
 ×   4
```

④ 
```
   9 3
 ×   7
```

⑤ 
```
   6 4
 ×   9
```

⑥ 
```
   7 5
 ×   8
```

**3** 次の計算をしましょう。 1つ5点【25点】

① 
$$
\begin{array}{r}
2\ 6 \\
\times\ \ \ 9 \\
\hline
\end{array}
$$

② 
$$
\begin{array}{r}
1\ 9 \\
\times\ \ \ 7 \\
\hline
\end{array}
$$

③ 
$$
\begin{array}{r}
8\ 4 \\
\times\ \ \ 2 \\
\hline
\end{array}
$$

④ 
$$
\begin{array}{r}
7\ 8 \\
\times\ \ \ 6 \\
\hline
\end{array}
$$

⑤ 
$$
\begin{array}{r}
9\ 2 \\
\times\ \ \ 5 \\
\hline
\end{array}
$$

**4** 次の計算を筆算でしましょう。 1つ5点【25点】

① 53 × 3

② 27 × 4

③ 39 × 8

④ 74 × 5

⑤ 96 × 9

**ハチワレは大きなあなに落ちたことがある。**

答え → 76ページ

# 16 3けた×1けたの筆算

**1** 307×6の計算を筆算でします。□にあてはまる数を書きましょう。

【20点】

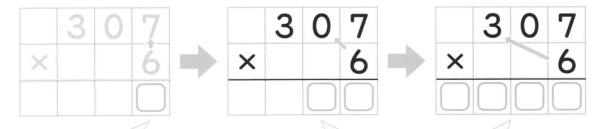

一の位は六七42の2。
4くり上げる。

十の位は六れいが0。
くり上げた4と合わせて4。

百の位は六三18。

**2** 次の計算をしましょう。

1つ5点【30点】

① 
```
    3 1 2
  ×     3
```

② 
```
    1 4 7
  ×     4
```

③ 
```
    2 9 8
  ×     6
```

④ 
```
    6 3 4
  ×     5
```

⑤ 
```
    4 2 5
  ×     9
```

⑥ 
```
    7 0 9
  ×     8
```

**3** 次の計算をしましょう。　　　　　　　　　　　　1つ5点【25点】

① 
```
  2 3 5
×     3
```

② 
```
  1 3 1
×     7
```

③ 
```
  7 2 8
×     4
```

④ 
```
  9 5 4
×     5
```

⑤ 
```
  6 0 5
×     2
```

**4** 次の計算を筆算でしましょう。　　　　　　　　　1つ5点【25点】

① 194 × 3

② 485 × 2

③ 362 × 8

④ 573 × 9

⑤ 804 × 5

外で食べるやきそばはさいこう。

答え → 77ページ

# 17 1けたをかけるかけ算の練習①

月　日　10分

とく点　　　点

## 1 次の計算をしましょう。

1つ5点【25点】

① 
```
    2 8
  ×   3
```

② 
```
    9 4
  ×   5
```

③ 
```
  1 3 7
  ×   7
```

④ 
```
  4 6 2
  ×   6
```

⑤ 
```
  7 0 3
  ×   8
```

## 2 次の計算を筆算でしましょう。

1つ5点【25点】

① 15×4

```
  1 5
×   4
```

② 73×6

③ 298×3

④ 647×5

⑤ 506×9

## 3 次の計算を筆算でしましょう。

1つ6点【30点】

① 36 × 2

② 54 × 6

③ 95 × 5

④ 172 × 4

⑤ 863 × 8

## 4 6つのコップに，225mLずつジュースが入っています。 ジュースは全部で何mLありますか。

式10点・答え10点【20点】

式

答え 　　　　　　mL

かぶと虫みたいなやつがいる。

42

答え → 77ページ

# 18 1けたをかけるかけ算の練習②

## 1 次の計算をしましょう。

1つ5点【25点】

① 
```
   2 5
×    2
```

② 
```
   8 6
×    9
```

③ 
```
 2 4 7
×    4
```

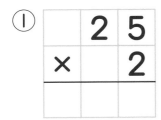

④ 
```
 9 6 0
×    3
```

⑤ 
```
 5 1 3
×    7
```

## 2 次の計算を筆算でしましょう。

1つ5点【25点】

① 18×4

```
   1 8
×    4
```

② 75×5

③ 362×2

④ 297×8

⑤ 584×6

## ③ 次の計算を筆算でしましょう。

① 23×4

② 59×7

③ 72×6

④ 981×3

⑤ 607×9

## ④ 1こ158円のピザまんを5こ買うと，代金は何円ですか。

式10点・答え10点【20点】

ピザまん

式

答え _____ 円

ピザの生地がういていることがある。

答え→77ページ

# 計算めいろと暗号

10分

月　　日

**1** 答えが正しいものをじゅん番にたどって，たどりついた食べ物に〇をつけましょう。
（ななめには進めません。）

**スタート**

| 20×3<br>=60 | 100×7<br>=70 | 30×5<br>=500 |
| --- | --- | --- |
| 40×5<br>=20 | 21×4<br>=84 | 11×7<br>=77 | 12×8<br>=96 |
| 70×9<br>=540 | 84×2<br>=108 | 15×6<br>=80 | 25×4<br>=100 |
| 43×2<br>=860 | 400×3<br>=120 | 234×2<br>=468 | 50×6<br>=300 |
| 302×3<br>=960 | 106×5<br>=503 | 201×4<br>=804 | 405×2<br>=801 |

**2** かけ算をして，答えを ☐ に書きましょう。 答えの数が
小さいじゅんに，カードの字を ◯ に書きましょう。

ら $85 \times 2 =$ ☐

っ $30 \times 2 =$ ☐

い $11 \times 8 =$ ☐

か $17 \times 4 =$ ☐

で $12 \times 3 =$ ☐

や $64 \times 5 =$ ☐

き $75 \times 8 =$ ☐

ど $31 \times 4 =$ ☐

① ◯  ② ◯  ③ ◯  ④ ◯

⑤ ◯  ⑥ ◯  ⑦ ◯  ⑧ ◯

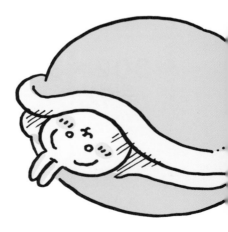

こたえ→77ページ

# 19 1けたをかけるかけ算の練習③

月　日　10分

とく点　　点

## 1 次の計算をしましょう。

1つ5点【25点】

① 
```
    9 1
×     3
```

② 
```
    2 7
×     6
```

③ 
```
  8 2 0
×     5
```

④ 
```
  6 6 4
×     4
```

⑤ 
```
  7 3 9
×     8
```

## 2 次の計算を筆算でしましょう。

1つ5点【25点】

① 52 × 2
```
    5 2
×     2
```

② 48 × 9

③ 263 × 4

④ 874 × 7

⑤ 406 × 5

## ❸ 次の計算を筆算でしましょう。

① 73 × 4

② 25 × 8

③ 129 × 7

④ 980 × 9

⑤ 564 × 6

❹ 1つの辺の長さが207cmの正方形のステージの，まわりの長さは何cmですか。

式10点・答え10点【20点】

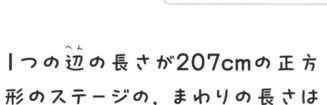

式

答え　　　　　cm

**ラッコは強い。**

答え→78ページ

# 20 何十をかけるかけ算

月　日　⑩分

とく点

点

**1** 46×30の計算のしかたについて，□にあてはまる数を
書きましょう。

1つ5点【15点】

$$46 \times 30 = (46 \times \boxed{\phantom{0}}) \times 10$$

$$= \boxed{\phantom{0}} \times 10$$

$$= \boxed{\phantom{0}}$$

**2** 次の計算をしましょう。

1つ6点【30点】

① 32 × 30 =

② 17 × 40 =

③ 95 × 60 =

④ 80 × 70 =

⑤ 84 × 50 =

① $26 \times 20 =$        ② $43 \times 80 =$

③ $67 \times 40 =$        ④ $52 \times 70 =$

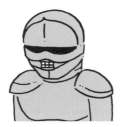

⑤ $90 \times 90 =$

**4** 1まい35円のクッキーを20まい
買うと，代金は何円ですか。

式15点・答え10点【25点】

ア
!!

式

答え　　　　　　円

ちいかわ まめちしき
ちいかわの家でたこやきパーティーをしたことがある。

答え→78ページ

# 21 2けた×2けたの筆算

とく点

点

**1** 24 × 37の計算を筆算でします。□にあてはまる数を書きましょう。 【10点】

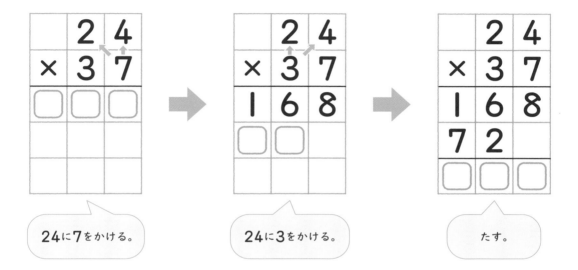

24に7をかける。

24に3をかける。

たす。

**2** 次の計算をしましょう。　1つ10点【30点】

①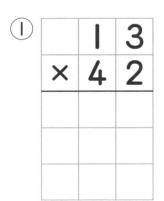

②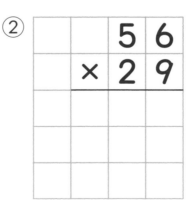

③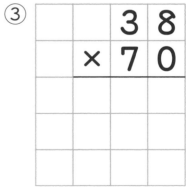

51

**3** 次の計算をしましょう。 1つ10点【30点】

① 
```
    3 1
×   3 2
```

② 
```
    4 5
×   8 6
```

③ 
```
    7 7
×   9 0
```

**4** 次の計算を筆算でしましょう。 1つ10点【30点】

① 46 × 23

② 17 × 98

③ 65 × 60

あげ玉を頭にのせるおしゃれがはやったことがある。

答え→78ページ

# 22 2けた×2けたの筆算の練習

月　日　10分

とく点　　　　点

## 1 次の計算をしましょう。

1つ8点【24点】

① 
```
    2 8
  × 3 5
```

② 
```
    1 7
  × 9 4
```

③ 
```
    4 0
  × 6 6
```

## 2 次の計算を筆算でしましょう。

1つ8点【24点】

① 49 × 16

② 81 × 39
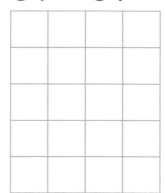

③ 75 × 80
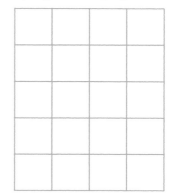

**3** 次の計算を筆算でしましょう。

① 53 × 16

② 74 × 48

③ 92 × 90

**4** 長さ58cmのリボンを24本
作ります。リボンは全部で
何cmひつようですか。

式14点・答え14点【28点】

式

答え _____ cm

ポシェットのよろいさんが作ったパジャマは, よくのびてよくあせをすう。

54

答え→78ページ

# 23 3けた×2けたの筆算

**1** 452×13の計算を筆算でします。□にあてはまる数を書きましょう。

【10点】

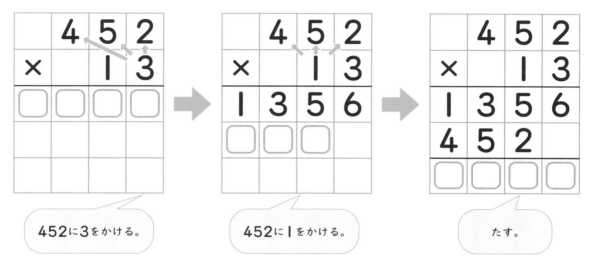

452に3をかける。

452に1をかける。

たす。

**2** 次の計算をしましょう。

1つ10点【30点】

①

```
    1 3 8
×     6 4
```

②

```
    5 4 7
×     8 2
```

③

```
    6 0 5
×     3 9
```

55

**③** 次の計算をしましょう。　　　　　　　　　　　1つ10点【30点】

① 
$$
\begin{array}{r}
293 \\
\times\ 36 \\
\hline
\end{array}
$$

② 
$$
\begin{array}{r}
754 \\
\times\ 59 \\
\hline
\end{array}
$$

③ 
$$
\begin{array}{r}
480 \\
\times\ 72 \\
\hline
\end{array}
$$

**④** 次の計算を筆算でしましょう。　　　　　　　　1つ10点【30点】

① 365×18　　② 649×27　　③ 984×40

こわいけどおいしい食べ物がある。

答え→79ページ

# 24 2けたをかけるかけ算の練習①

## 1 次の計算をしましょう。

1つ8点【24点】

①
```
    2 7 9
×     3 3
```

②
```
    8 3 4
×     8 7
```

③
```
    6 0 0
×     9 4
```

## 2 次の計算を筆算でしましょう。

1つ8点【24点】

① 648×12　② 763×74　③ 816×25

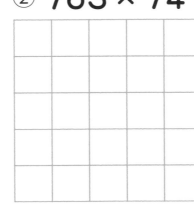

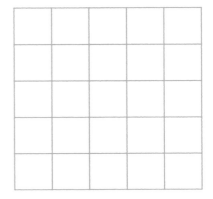

# 3 次の計算を筆算でしましょう。

① 136 × 45

② 527 × 38

③ 408 × 59

# 4 ある銭湯の子どもの入浴料金は 1人160円です。 子ども34人の入浴料金は全部で何円ですか。

式14点・答え14点【28点】

式

答え　　　　　　　円

ちいかわは，けんしょうにおうぼするのがすき。

答え→79ページ

# 25 2けたをかけるかけ算の練習②

月　日　　10分
とく点

点

## ①　次の計算をしましょう。

1つ8点【24点】

①
```
    1 6 8
×     2 9
```

②
```
    5 9 7
×     4 3
```

③
```
    9 0 3
×     7 6
```

## ②　次の計算を筆算でしましょう。

1つ8点【24点】

① 375×24

```
    3 7 5
×     2 4
```

② 426×99

③ 830×53

**③** 次の計算を筆算でしましょう。

① 284 × 37

② 951 × 65

③ 700 × 48

**④** 木の実をしぼったジュースを，1日に375mLずつ飲みます。30日間では，何mL飲みますか。

式14点・答え14点【28点】

| 式 |
|---|
| 答え　　　　　　mL |

ちいかわ まめちしき
じゃがいも まつり

じゃがいも祭りがある。

答え→79ページ

# 26 2けたをかけるかけ算の練習③

## 1 次の計算をしましょう。

1つ8点【24点】

①

```
    2 2 5
×     3 4
```

②

```
    4 1 6
×     9 8
```

③

```
    5 0 7
×     6 0
```

## 2 次の計算を筆算でしましょう。

1つ8点【24点】

① 438 × 17

```
    4 3 8
×     1 7
```

② 574 × 39

③ 692 × 45

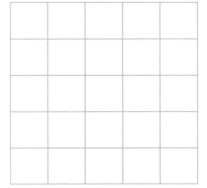

## ❸ 次の計算を筆算でしましょう。

① 379 × 26

② 756 × 83

③ 908 × 94

❹ 1こ726円のポシェットを18こ買うと，代金は何円ですか。 式14点・答え14点【28点】

まいど

式

答え　　　　　　　円

ハチワレたちは，星をピンチから助けたことがある。

答え→79ページ

# 27 分数のたし算, ひき算

月　日　**10**分

とく点

点

## 1 次の計算をしましょう。

1つ5点【40点】

① $\dfrac{1}{5} + \dfrac{3}{5} =$ ☐ $\dfrac{4}{5}$

★ $\dfrac{1}{5}$ が $(1+3)$ こ

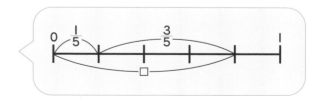

② $\dfrac{4}{7} + \dfrac{2}{7} =$ ☐

③ $\dfrac{2}{8} + \dfrac{5}{8} =$ ☐

④ $\dfrac{2}{3} + \dfrac{1}{3} =$ ☐ $=$ ☐

⑤ $\dfrac{3}{4} - \dfrac{2}{4} =$ ☐ $\dfrac{1}{4}$

★ $\dfrac{1}{4}$ が $(3-2)$ こ

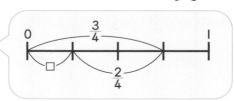

⑥ $\dfrac{8}{9} - \dfrac{3}{9} =$ ☐

⑦ $\dfrac{7}{10} - \dfrac{4}{10} =$ ☐

⑧ $1 - \dfrac{1}{6} =$ ☐ $-$ ☐ $=$ ☐

★ 1 を $\dfrac{6}{6}$ と考える

## ② 次の計算をしましょう。

① $\dfrac{4}{9} + \dfrac{1}{9} =$

② $\dfrac{5}{10} + \dfrac{2}{10} =$

③ $\dfrac{2}{6} + \dfrac{4}{6} =$

④ $\dfrac{6}{7} - \dfrac{5}{7} =$

⑤ $\dfrac{7}{8} - \dfrac{4}{8} =$

⑥ $1 - \dfrac{2}{5} =$

## ③ りんごジュースが $\dfrac{5}{9}$ L，みかんジュースが $\dfrac{2}{9}$ L あります。ジュースは全部で何 L ですか。

式15点・答え15点【30点】

| 式 |
|---|
| |
| 答え _____ L |

*ちいかわ まめちしき*

湯どうふを売りにくることがある。

答え→80ページ

## 28 分数のたし算，ひき算の練習

**1** 次の計算をしましょう。　1つ5点【50点】

① $\dfrac{3}{6} + \dfrac{2}{6} =$

② $\dfrac{2}{9} + \dfrac{5}{9} =$

③ $\dfrac{1}{10} + \dfrac{6}{10} =$

④ $\dfrac{4}{8} + \dfrac{1}{8} =$

⑤ $\dfrac{4}{7} + \dfrac{3}{7} =$

⑥ $\dfrac{4}{5} - \dfrac{2}{5} =$

⑦ $\dfrac{7}{9} - \dfrac{5}{9} =$

⑧ $\dfrac{5}{6} - \dfrac{4}{6} =$

⑨ $\dfrac{9}{10} - \dfrac{2}{10} =$

⑩ $1 - \dfrac{1}{4} =$

**2** 次の計算をしましょう。

1つ5点【30点】

① $\dfrac{1}{4} + \dfrac{2}{4} =$

② $\dfrac{4}{9} + \dfrac{4}{9} =$

③ $\dfrac{3}{8} + \dfrac{5}{8} =$

④ $\dfrac{2}{3} - \dfrac{1}{3} =$

⑤ $\dfrac{6}{7} - \dfrac{3}{7} =$

⑥ $1 - \dfrac{9}{10} =$

**3** 1mのツタがあります。$\dfrac{1}{5}$m切り取ると，何mのこりますか。

式10点・答え10点【20点】

| 式 |
| --- |
| |
| 答え _____ m |

ちいかわには，わさびのおいしさがよく分からない。

答え→80ページ

**1** 次の計算をしましょう。

1つ5点【50点】

① 0.3 + 0.4 = 0.7

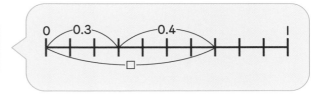

★0.1が（3＋4）こ

② 0.5 + 0.1 = 

③ 1.2 + 0.7 = 

④ 0.8 + 0.9 = 

⑤ 2.6 + 0.4 = 

★3.0は3になる

⑥ 0.9 − 0.2 = 0.7

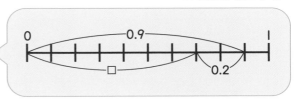

★0.1が（9−2）こ

⑦ 0.6 − 0.3 = 

⑧ 1.7 − 0.4 = 

⑨ 1.5 − 0.8 = 

⑩ 4 − 0.5 = 

## 2 次の計算をしましょう。

① 
```
   5.7
 + 2.6
```

② 
```
   6.1
 - 3.8
```

★上の小数点にそろえて
　答えの小数点をうつ。

## 3 次の計算を筆算でしましょう。

① 3.4 + 1.5

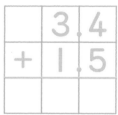

② 2.8 + 4.9

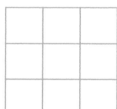

③ 7.6 + 3.8

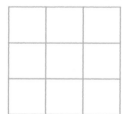

④ 5.7 − 2.6

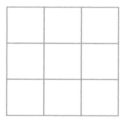

⑤ 9.3 − 6.4

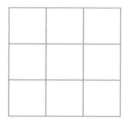

★ちいかわ まめちしき★

「下克上」というゲームが人気。

答え → 80ページ

## 1 次の計算をしましょう。

1つ5点【25点】

① 
```
    3
+ 4.7
```

② 
```
  5.9
+ 2.6
```

③ 
```
  1.8
+ 6.2
```

④ 
```
    7
- 4.5
```

⑤ 
```
  2.4
- 1.6
```

## 2 次の計算を筆算でしましょう。

1つ5点【25点】

① 2.4 + 5

```
  2.4
+ 5
```

② 6.8 + 3.7

③ 4.1 + 4.9

④ 8 - 5.3

⑤ 4.2 - 3.8

**3** 次の計算を筆算でしましょう。

1つ5点【20点】

① 6.5 + 2.8

② 9.3 + 7

③ 8.1 − 4.2

④ 10 − 3.6

**4** 青色のリボンの長さは5.7m, 黄色のリボンは, 青色のリボンより2.6m長いです。黄色のリボンの長さは何mですか。

式15点・答え15点【30点】

式

答え　　　　　　　　　m

**シーサーがねつを出したとき, ちいかわとハチワレがかん病した。**

70

答え→80ページ

# まとめのテスト

月　日　20分

とく点

点

**1** 次の計算をしましょう。　　　　　　　　　1つ4点【24点】

① $5 \times 10 =$

② $29 \div 6 =$

③ $70 \times 8 =$

④ $13 \times 3 =$

⑤ $86 \div 2 =$

⑥ $900 \div 10 =$

**2** 次の計算を筆算でしましょう。　　　　　　　1つ6点【30点】

① $84 + 537$

② $796 + 819$

③ $6291 + 1879$

④ $702 - 643$

⑤ $4526 - 2738$

**3** 次の計算を筆算でしましょう。　　　　　　　1つ6点【18点】

① $285 \times 6$

② $37 \times 58$

③ $612 \times 79$

**4** 次の計算をしましょう。　　　　　　　　　　1つ7点【14点】

① $\dfrac{2}{9} + \dfrac{5}{9} =$

② $1 - \dfrac{3}{7} =$

**5** 次の計算を筆算でしましょう。　　　　　　　1つ7点【14点】

① $6.4 + 3.9$

② $8.1 - 2.5$

答え→80ページ

# 答えとアドバイス

★自分で答え合わせをしましょう！

## 1 かけ算のきまり　P.5

**1** ①6　②5

**2** ①4　②3

**3** ①4　②6　③8
　　④3　⑤5　⑥2
　　⑦7　⑧9

**✈アドバイス** **1**① 6のだんでは，かける数が1ふえると，答えは6だけ大きくなります。

② 5のだんでは，かける数が1へると，答えは5だけ小さくなります。

**2** かけ算では，かけられる数とかける数を入れかえても答えは同じになります。

## 2 10，0のかけ算　P.7

**1** ①40　②30　③70
　　④50　⑤90

**2** ①0　②0　③0
　　④0　⑤0

**3** ①60　②0　③20
　　④0　⑤10　⑥0

**4** （式）　10×8＝80

　　　　　　　　（答え）　80まい

**✈アドバイス** **1**① 4×10は，4×9より4大きくなるから，4×10＝40です。また，4×10＝10×4だから，10の4こ分と考えると，10＋10＋10＋10＝40です。

**2** どんな数に0をかけても答えは0です。また，0にどんな数をかけても答えは0です。

**4** 全部の数は，（1箱分の数）×（箱の数）でもとめられます。

## 3 わり算①　P.9

**1** （式）　8÷4＝2

　　　　　　　　（答え）　2こ

**2** （式）　12÷2＝6

　　　　　　　　（答え）　6人

**3** ①3　②4　③7
　　④6　⑤9　⑥9

**4** （式）　45÷9＝5

　　　　　　　　（答え）　5さつ

**✈アドバイス** **4** 1箱に入っている古本の数をもとめるので，わり算の式に表しましょう。

## 4 わり算②　P.11

**1** ①10　②0　③20
　　④23　⑤6　⑥73
　　⑦90　⑧400

**2** ①4　②33　③21
　　④20　⑤56　⑥10

**3** （式）　96÷3＝32

　　　　　　　　（答え）　32円

**✈アドバイス** **1**③ 60は10の何こ分かを考えましょう。

④ 46を，40と6に分けて考えましょう。

⑤～⑧ 10でわると位が1つ下がります。

**3** パン1まいのねだんをもとめるので，わり算の式に表しましょう。

## 5 わり算③
P.13

❶ （式） 17÷3＝5あまり2

（答え） 5ふくろできて，
2こあまる。

❷ ①4あまり1 　②6あまり4
③7あまり3

❸ ①3あまり4 　②5あまり5
③6あまり2 　④4あまり7
⑤8あまり4

❹ （式） 30÷7＝4あまり2

（答え） 4ふくろできて，
2まいのこる。

🚢アドバイス ❶わかりづらいときは，○
でかこんで，3こずつ分けてみましょ
う。

❷わり算のあまりは，わる数より小さく
なります。

❹7まいずつに分けるので，わり算の式
に表します。

## 6 わり算の練習
P.15

❶ ①2 　　②4 　　③3
④9 　　⑤6 　　⑥8

❷ ①3あまり2 　②7あまり6
③6あまり4

❸ ①4 　　②8あまり1
③7 　　④5あまり6
⑤8あまり3

❹ （式） 59÷8＝7あまり3
（7＋1＝8）

（答え） 8日

🚢アドバイス ❶わる数のだんの九九を使っ
てもとめます。

❹8問ずつ7日間とくと，3問のこります。
のこった3問をとくのに，あと1日かか
るので，
7＋1＝8（日）です。

## ごほうび① 計算パズルと暗号
P.17

❶

| 10×10 | 4×0 | 7×10 | 0×1 | 1×10 |
|---|---|---|---|---|
| 2×10 | 0×8 | 9×10 | 6×0 | 3×10 |
| 10×4 | 10×0 | 0×0 | 0×2 | 10×6 |
| 10×8 | 10×3 | 5×0 | 5×10 | 10×2 |
| 6×10 | 9×10 | 0×3 | 4×10 | 1×10 |
| 10×1 | 8×10 | 7×0 | 2×10 | 7×10 |
| 3×10 | 10×5 | 9×0 | 6×10 | 10×9 |

❷ くりまんじゅう

## 7 たし算の筆算①
P.19

❶
```
   ①                ① 1            1 1
   3 5 8          3 5 8          3 5 8
 + 2 6 7    ➡  + 2 6 7    ➡  + 2 6 7
       5            2 5          6 2 5
```

❷ ①539 　②658 　③670
④841 　⑤952

❸ ①867 　②782 　③549
④583 　⑤700

❹ ①469 　②873 　③917
④930 　⑤723

🚢アドバイス くり上がりに気をつけましょ
う。

❸③
```
     1
    2 8 5
  + 2 6 4
    5 4 9
```
⑤
```
    1 1
    5 3 1
  + 1 6 9
    7 0 0
```

❹②
```
    1
    6 2 8
  + 2 4 5
    8 7 3
```
④
```
    1 1
      7 9
  + 8 5 1
    9 3 0
```

## 8 たし算の筆算②  P.21

**1** ① 1278　② 1146
　　③ 1005　④ 1013
　　⑤ 1652

**2** ① 6689　② 8262
　　③ 9043　④ 8620

**3** ① 7688　② 5907
　　③ 9209　④ 10000

**4** （式）　975＋368＝1343

　　　　　　（答え）　1343円

🚢**アドバイス**　**1**千の位にくり上がりのあるたし算です。

## 9 たし算の筆算の練習  P.23

**1** ① 859　　② 332　　③ 1000
　　④ 1204　⑤ 1644

**2** ① 6098　② 9682
　　③ 8832　④ 12050

**3** ① 6692　② 4437
　　③ 6000　④ 13622

**4** （式）　347＋85＝432

　　　　　　（答え）　432回

🚢**アドバイス**　**3**筆算は位をたてにそろえて書きましょう。

```
②    1 1              ③   1 1 1
   3 9 6 2                  8 3 7
 +   4 7 5              +5 1 6 3
   4 4 3 7                6 0 0 0
```

## 10 ひき算の筆算①  P.25

**1**
```
  3 9         3 9         3 9
  4 0 5       4 0 5       4 0 5
 -1 3 8      -1 3 8      -1 3 8
      7          6 7      2 6 7
```

**2** ① 255　　② 537　　③ 183
　　④ 34　　⑤ 448

**3** ① 248　　② 94　　③ 359
　　④ 86　　⑤ 636

---

**4** ① 309　　② 316　　③ 285
　　④ 113　　⑤ 721

🚢**アドバイス**　くり下がりに気をつけましょう。

**4**①
```
     7
   5 8 2
  -2 7 3
   3 0 9
```
③
```
   2 4
   3 5 0
  -  6 5
   2 8 5
```

## 11 ひき算の筆算②  P.27

**1** ① 290　　② 288　　③ 83
　　④ 438　⑤ 316

**2** ① 3475　② 3327
　　③ 697　④ 1718

**3** ① 4226　② 689
　　③ 4268　④ 6396

**4** （式）　1000－575＝425

　　　　　　（答え）　425円

🚢**アドバイス**　**2**④まず，千の位から1くり下げましょう。

```
   6 9 9
   7 0 0 4
  -5 2 8 6
   1 7 1 8
```

**4**おつりは，（出したお金）－（時計の代金）でもとめられます。

## 12 ひき算の筆算の練習  P.29

**1** ① 253　　② 663　　③ 274
　　④ 78　　⑤ 47

**2** ① 2035　② 3794
　　③ 279　④ 8465

**3** ① 3856　② 4466
　　③ 2608　④ 5475

**4** （式）　405－327＝78
　　（答え）　黄色の葉っぱが78まい多い。

🚢**アドバイス**　**4**ちがいをもとめるときは，ひき算を使います。327と405では，405のほうが大きいので，式は「405－327」になります。

75

**①**

スタート!

```
  157
+ 234
  391
```

```
  218
+ 181
  399
```

```
  386
- 192
  194
```

```
  825
+ 549
 1374
```

```
  724
+ 625
 1349
```

```
  413
- 209
  204
```

```
  990
- 855
  135
```

```
  400
- 235
  165
```

ゴール!!

**②** なんとかなれ

## 13 何十，何百のかけ算　P.33

**①** （上から）2，6，120
**②** （上から）7，2，1400
**③** ①60　　②630　　③300
　　④800　　⑤2400　　⑥2000
**④** （式）　40×7＝280

（答え）　280円

**アドバイス**　**③**① 30は10が3こです。
30×2は，10が（3×2）こで，60にな
ります。
⑤ 800は100が8こです。800×3は，100
が（8×3）こで，2400になります。

## 14 2けた×1けたの筆算①　P.35

**①**
```
  27        27        27
×  3   ➡  ×  3   ➡  ×  3
            1        81
```

**②** ①84　　②92　　③76
　　④75　　⑤78　　⑥90
**③** ①66　　②98　　③54
　　④72　　⑤45
**④** ①93　　②64　　③74
　　④84　　⑤95

**アドバイス**

**④**①
```
   31
×   3
   93
```
②
```
   16
×   4
   64
```
③
```
   37
×   2
   74
```
④
```
   28
×   3
   84
```
⑤
```
   19
×   5
   95
```

## 15 2けた×1けたの筆算②　P.37

**①**
```
  38        38        38
×  4   ➡  ×  4   ➡  ×  4
            2       152
```

**②** ①126　　②152　　③204
　　④651　　⑤576　　⑥600
**③** ①234　　②133　　③168
　　④468　　⑤460
**④** ①159　　②108　　③312
　　④370　　⑤864

**アドバイス**

**④**①
```
   53
×   3
  159
```
②
```
   27
×   4
  108
```
③
```
   39
×   8
  312
```
④
```
   74
×   5
  370
```
⑤
```
   96
×   9
  864
```

## 16 3けた×1けたの筆算　P.39

**①**
$$\begin{array}{r} 307 \\ \times \quad 6 \\ \hline ②\end{array} \Rightarrow \begin{array}{r} 307 \\ \times \quad 6 \\ \hline ④②\end{array} \Rightarrow \begin{array}{r} 307 \\ \times \quad 6 \\ \hline ①⑧④②\end{array}$$

**②** ① 936　② 588　③ 1788
　　④ 3170　⑤ 3825　⑥ 5672

**③** ① 705　② 917　③ 2912
　　④ 4770　⑤ 1210

**④** ① 582　② 970　③ 2896
　　④ 5157　⑤ 4020

**アドバイス**

**③**
② $\begin{array}{r}131\\ \times\quad7\\ \hline 917\end{array}$　④ $\begin{array}{r}954\\ \times\quad5\\ \hline 4770\end{array}$　⑤ $\begin{array}{r}605\\ \times\quad2\\ \hline 1210\end{array}$

**④** 筆算（ひっさん）は，位（くらい）をたてにそろえて書きましょう。

① $\begin{array}{r}194\\ \times\quad3\\ \hline 582\end{array}$　③ $\begin{array}{r}362\\ \times\quad8\\ \hline 2896\end{array}$　⑤ $\begin{array}{r}804\\ \times\quad5\\ \hline 4020\end{array}$

## 17 1けたをかける かけ算の練習①　P.41

**①** ① 84　② 470　③ 959
　　④ 2772　⑤ 5624

**②** ① 60　② 438　③ 894
　　④ 3235　⑤ 4554

**③** ① 72　② 324　③ 475
　　④ 688　⑤ 6904

**④** （式（しき））　225×6＝1350

　　　　　　　（答え）　1350mL

**アドバイス**　**③**筆算は，位をたてにそろえて書きましょう。

② $\begin{array}{r}54\\ \times\quad6\\ \hline 324\end{array}$　④ $\begin{array}{r}172\\ \times\quad4\\ \hline 688\end{array}$　⑤ $\begin{array}{r}863\\ \times\quad8\\ \hline 6904\end{array}$

**④** 全部（ぜんぶ）のかさは，（1ぱい分のかさ）×（コップの数）でもとめられます。

## 18 1けたをかける かけ算の練習②　P.43

**①** ① 50　② 774　③ 988
　　④ 2880　⑤ 3591

**②** ① 72　② 375　③ 724
　　④ 2376　⑤ 3504

**③** ① 92　② 413　③ 432
　　④ 2943　⑤ 5463

**④** （式）　158×5＝790

　　　　　　　（答え）　790円

**アドバイス**　**③**くり上がりに気をつけましょう。

② $\begin{array}{r}59\\ \times\quad7\\ \hline 413\end{array}$　④ $\begin{array}{r}981\\ \times\quad3\\ \hline 2943\end{array}$　⑤ $\begin{array}{r}607\\ \times\quad9\\ \hline 5463\end{array}$

**④** 代金（だいきん）は，（1このねだん）×（ピザまんの数）でもとめられます。

## ごほうび③ 計算めいろと暗号　P.45

**①**

スタート

| 20×3<br>=60 | 100×7<br>=70 | 30×5<br>=500 |
|---|---|---|

| 40×5<br>=20 | 21×4<br>=84 | 11×7<br>=77 | 12×8<br>=96 |
|---|---|---|---|
| 70×9<br>=540 | 84×2<br>=108 | 15×6<br>=80 | 25×4<br>=100 |
| 43×2<br>=860 | 400×3<br>=120 | 234×2<br>=468 | 50×6<br>=300 |
| 302×3<br>=960 | 106×5<br>=503 | 201×4<br>=804 | 405×2<br>=801 |

**②** でっかいどらやき

## 19 1けたをかける かけ算の練習③　P.47

❶ ①273　②162　③4100
　④2656　⑤5912
❷ ①104　②432　③1052
　④6118　⑤2030
❸ ①292　②200　③903
　④8820　⑤3384
❹ (式)　207×4=828
　　　　　　　　(答え)　828cm

🐢**アドバイス**　❸くり上がりに気をつけましょう。

②　　25　　④　　980　　⑤　　564
　×　　8　　　×　　9　　　×　　6
　　200　　　　8820　　　3384

❹正方形は, 同じ長さの辺が4つあります。まわりの長さは, (1つの辺の長さ)×4でもとめられます。

## 20 何十をかけるかけ算　P.49

❶ (上から) 3, 138, 1380
❷ ①960　②680　③5700
　④5600　⑤4200
❸ ①520　②3440　③2680
　④3640　⑤8100
❹ (式)　35×20=700
　　　　　　　　(答え)　700円

🐢**アドバイス**　❷①32×30は, (32×3)を10倍するともとめられます。
❹代金は, (1まいのねだん)×(クッキーの数)でもとめられます。

## 21 2けた×2けたの筆算　P.51

❶
```
    24          24          24
  ×37   ➡    ×37   ➡    ×37
  ⎿1⏌⎿6⏌⎿8⏌     168         168
              ⎿7⏌⎿2⏌        72
                         ⎿8⏌⎿8⏌⎿8⏌
```

❷ ①546　②1624　③2660
❸ ①992　②3870　③6930
❹ ①1058　②1666　③3900

🐢**アドバイス**　❷とちゅうのかけ算の答えを書く場所をまちがえないようにしましょう。

①　　13　　②　　56
　×42　　　　×29
　　26　　　　504
　52　　　　112
　546　　　1624

③00は書かなくてもよいです。
```
    38              38
  ×70     ➡      ×70
    00              2660
  266
  2660
```

## 22 2けた×2けたの 筆算の練習　P.53

❶ ①980　②1598　③2640
❷ ①784　②3159　③6000
❸ ①848　②3552　③8280
❹ (式)　58×24=1392
　　　　　　　　(答え)　1392cm

🐢**アドバイス**　❶③6×0の0を書きわすれないようにしましょう。
```
      40
    ×66
    240
    240
   2640
```

❷くり上がりに気をつけましょう。
①　　49　　②　　81　　③　　75
　×16　　　　×39　　　　×80
　294　　　729　　　6000
　49　　　　243
　784　　　3159

❹全部の長さは, (1本分の長さ)×(リボンの数)でもとめられます。

## 23 3けた×2けたの筆算　P.55

❶
```
  452        452        452
×  13   →  ×  13   →  ×  13
 1356       1356       1356
            452        452
                      5876
```

❷ ①8832　②44854
　③23595

❸ ①10548　②44486
　③34560

❹ ①6570　②17523
　③39360

**アドバイス**

❹
```
①   365   ②   649   ③   984
  ×  18     ×  27     ×  40
   2920      4543     39360
   365       1298
   6570     17523
```

## 24 2けたをかける かけ算の練習①　P.57

❶ ①9207　②72558
　③56400

❷ ①7776　②56462
　③20400

❸ ①6120　②20026
　③24072

❹ （式）　160×34＝5440
　　　　　（答え）　5440円

**アドバイス**　❶くり上がりに気をつけましょう。

```
①   279   ②   834
  ×  33     ×  87
   837      5838
   837      6672
  9207     72558
```

③0を書きわすれないようにしましょう。
```
    600
  ×  94
   2400
   5400
  56400
```

## 25 2けたをかける かけ算の練習②　P.59

❶ ①4872　②25671
　③68628

❷ ①9000　②42174
　③43990

❸ ①10508　②61815
　③33600

❹ （式）　375×30＝11250
　　　　　（答え）　11250mL

**アドバイス**　❶③とちゅうのかけ算の答えを書く場所に気をつけましょう。
```
    903
  ×  76
   5418
   6321
  68628
```

## 26 2けたをかける かけ算の練習③　P.61

❶ ①7650　②40768
　③30420

❷ ①7446　②22386
　③31140

❸ ①9854　②62748
　③85352

❹ （式）　726×18＝13068
　　　　　（答え）　13068円

**アドバイス**

❸
```
①   379   ②   756   ③   908
  ×  26     ×  83     ×  94
   2274      2268      3632
   758       6048      8172
  9854      62748     85352
```

❹代金は，（1このねだん）×（ポシェットの数）でもとめられます。

## 27 分数のたし算，ひき算　P.63

❶ ① $\frac{4}{5}$　② $\frac{6}{7}$　③ $\frac{7}{8}$

④ $\frac{3}{3}$, 1　⑤ $\frac{1}{4}$　⑥ $\frac{5}{9}$

⑦ $\frac{3}{10}$　⑧ $\frac{6}{6}$, $\frac{1}{6}$, $\frac{5}{6}$

❷ ① $\frac{5}{9}$　② $\frac{7}{10}$　③ 1　④ $\frac{1}{7}$

⑤ $\frac{3}{8}$　⑥ $\frac{3}{5}$

❸ （式） $\frac{5}{9}+\frac{2}{9}=\frac{7}{9}$　（答え） $\frac{7}{9}$L

🐱**アドバイス**　❶④分母と分子が同じになったら，1に直しましょう。

## 28 分数のたし算，ひき算の練習　P.65

❶ ① $\frac{5}{6}$　② $\frac{7}{9}$　③ $\frac{7}{10}$　④ $\frac{5}{8}$

⑤ 1　⑥ $\frac{2}{5}$　⑦ $\frac{2}{9}$　⑧ $\frac{1}{6}$

⑨ $\frac{7}{10}$　⑩ $\frac{3}{4}$

❷ ① $\frac{3}{4}$　② $\frac{8}{9}$　③ 1　④ $\frac{1}{3}$

⑤ $\frac{3}{7}$　⑥ $\frac{1}{10}$

❸ （式） $1-\frac{1}{5}=\frac{4}{5}$　（答え） $\frac{4}{5}$m

🐱**アドバイス**　❸のこった長さは，（はじめの長さ）－（切り取った長さ）でもとめられます。

## 29 小数のたし算，ひき算　P.67

❶ ① 0.7　② 0.6　③ 1.9
④ 1.7　⑤ 3　⑥ 0.7
⑦ 0.3　⑧ 1.3　⑨ 0.7
⑩ 3.5

❷ ① 8.3　② 2.3

③ ① 4.9　② 7.7　③ 11.4
④ 3.1　⑤ 2.9

🐱**アドバイス**　❷整数の筆算と同じように計算して，上の小数点にそろえて答えの小数点をうちましょう。

① $\begin{array}{r} 5.7 \\ +\ 2.6 \\ \hline 8.3 \end{array}$　② $\begin{array}{r} 6.1 \\ -\ 3.8 \\ \hline 2.3 \end{array}$

## 30 小数のたし算，ひき算の練習　P.69

❶ ① 7.7　② 8.5　③ 8
④ 2.5　⑤ 0.8

❷ ① 7.4　② 10.5　③ 9
④ 2.7　⑤ 0.4

❸ ① 9.3　② 16.3　③ 3.9
④ 6.4

❹ （式）　5.7＋2.6＝8.3

（答え）　8.3m

🐱**アドバイス**

❸① $\begin{array}{r} 6.5 \\ +\ 2.8 \\ \hline 9.3 \end{array}$　② $\begin{array}{r} 9.3 \\ +\ 7 \\ \hline 16.3 \end{array}$　④ $\begin{array}{r} 10 \\ -\ 3.6 \\ \hline 6.4 \end{array}$

## テスト まとめのテスト　P.71

❶ ① 50　② 4あまり5
③ 560　④ 39
⑤ 43　⑥ 90

❷ ① 621　② 1615
③ 8170　④ 59　⑤ 1788

❸ ① 1710　② 2146
③ 48348

❹ ① $\frac{7}{9}$　② $\frac{4}{7}$

❺ ① 10.3　② 5.6

🐱**アドバイス**　今までに学習した計算をまとめています。まちがえたところはかならずやり直しましょう。

80